ANALYSE

DU MAGNÉTISME

DE L'HOMME,

MANIÈRE DE L'ADMINISTRER COMME GUÉRISON NATU-
RELLE ; DES EFFETS ET DES PHÉNOMÈNES QUI EN
RÉSULTENT ;

PAR J.-B.-A. CHARPENTIER.

> J'ai pensé servir le public en
> propageant des essais qui ont pour
> but de faciliter l'enseignement.

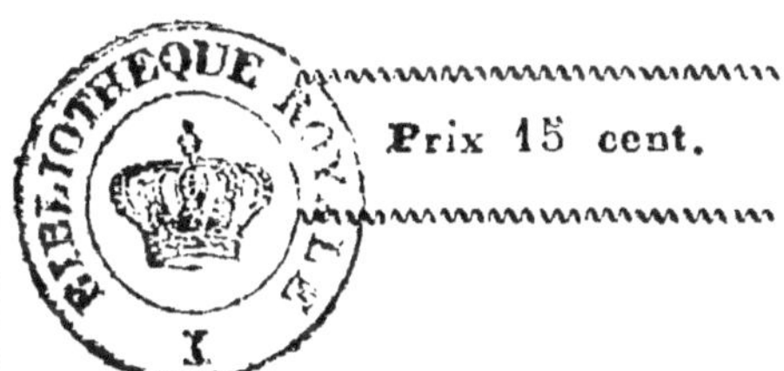

Prix 15 cent.

A PARIS,

CHEZ ROUSSEAU, LIBRAIRE,

RUE SAINT-ANTOINE, 182.

1838

Chaque exemplaire est signé de l'auteur.

ANALYSE
DU MAGNÉTISME DE L'HOMME.

DU MAGNÉTISME.

> C'est l'étude de la nature qui nous fait connaître
> et comprendre ses phénomènes.

Le magnétisme est une faculté de l'homme qui exige *santé*, *volonté*, *foi* et *calme*, pour guérir ou soulager un malade.

Cette faculté est le résultat de l'organisation physique et morale de l'homme réunissant les conditions nécessaires d'un fluide impondérable en lui, dont l'émission a lieu par un acte de sa volonté, et qui, pénétrant le malade, rétablit la circulation du sang, qui étant obstruée dans certaines parties du corps occasionne les douleurs ou les indispositions journalières qui constituent les maladies.

Le magnétisme est au corps et à l'âme ce que le balancier est à une pendule: il rétablit sa marche par le mouvement qu'on lui imprime.

La *santé*, sans quoi cette faculté ne saurait être exercée, comme on l'a remarqué dans les personnes trop jeunes, trop âgées, indisposées ou malades.

La *volonté*, attribu de l'âme, qui influe sur la force physique et morale (1), communiquant l'état de santé par ce

______

(1) *Guérisons subites dues à des circonstances imprévues et aux effets de la crainte et de la volonté.* — Hérodote, his-

fluide qui passe du corps du magnétiseur dans celui du magnétisé. La volonté du magnétiseur influe sur le système nerveux du malade. La volonté appartient à l'âme comme nos sensations aux organes du corps. Le corps possède l'âme, et l'âme dirige le corps.

La *foi*, nécessaire pour agir d'une manière positive sur nos sens par l'intermédiaire de notre volonté et de notre âme.

Le *calme*, aussi indispensable que la volonté, afin que celle-ci agisse sur les sens : ainsi la distraction, la répugnance, l'effroi, la crainte, nuisent aux effets magnétiques, de même qu'une trop grande affliction.

La découverte du magnétisme est un bienfait de la Providence pour l'humanité.

Qui croit et veut, peut.

Mesmer reconnut et reproduisit l'agent magnétique en 1775 ; il quitta la France en 1789. L'exercice du magnétisme n'y fut pas moins continué par des hommes désintéressés aussi marquants que savants ; voilà des titres à la confiance publique ; car l'on ne pourra nier leurs cures.

M. de Puy Ségur découvrit en 1784 le sommeil magnétique, qui est la conséquence du magnétisme dans des individus plus ou moins disposés à devenir dans cet état soit par leur organisation, soit par la nature ou la force de leur maladie et des moyens du magnétiseur.

---

torien grec, raconte que Crésus, roi de Lydie, dans un combat sanglant qu'il eut à soutenir contre Cyrus, roi des Perses, étant sur le point d'être tué d'un coup de hache par un soldat, le fils du roi Crésus, muet de naissance, présent à l'action et voyant son père en danger, lui sauva la vie en criant avec force au milieu de la mêlée : « Arrête, soldat, ne porte pas la main sur le roi Crésus.

Ce fut également par un effort de la nature qu'un homme qui avait perdu l'usage de la parole pendant quarante ans, la recouvra en rencontrant une vieille femme qu'il haïssait mortellement : il entra dans une telle colère que sa langue se délia pour l'injurier.

J'ai connu à Thorn, lors de la campagne de Prusse en 1808, M. D....., garde-magasin des fourrages, paralysé des jambes ; il y eut explosion d'un bateau chargé de poudre : effrayé d'une telle détonation, le malade se réfugia sous la poutre de la

Le magnétisme est aussi ancien que le monde, puisque c'est une de nos facultés qui n'exige que de savoir être mise en pratique, et qui bien souvent a dû se manifester à nos sens (1). Les hommes en ont varié les formes, mais le fond est toujours le même.

La sécurité et l'opinion d'hommes probes, éclairés et connus m'ont encouragé à publier cette instruction, afin de mettre toutes les classes de la société à même de connaître et de juger d'un moyen si facile d'être utile à son prochain ; persuadé que je le suis, et comme j'ai pu m'en convaincre par mes propres expériences, de l'avantage infini que l'humanité entière en doit retirer.

Cette découverte a exigé de tout temps un dévouement sans bornes de la part de ceux qui l'ont pratiquée, étant exposés aux mystifications, aux humiliations, au sourire sardonique de l'incrédulité, et obligé de braver le ridicule que l'on jette sur le magnétisme qu'on nie malgré des milliers de preuves. Il nous est plus facile, et nous ne devons chercher à nous justifier que par des faits qui sont plus concluants que des raisonnements.

Une seule chose est à observer dans le magnétisme pour se convaincre de la vérité : c'est qu'il guérit ou soulage ;

---

chambre où il était couché et fut guéri. Telle fut l'impulsion donnée par l'imagination secondée de la nature.

(1) Combien de mères tendres ont sauvé la vie à leurs enfants en les serrant avec sensibilité contre leur sein !

L'affection des êtres qui nous entourent devient aussi utile à notre santé qu'à notre bonheur.

Il y a plus, on s'est magnétisé soi-même lorsque le froid affectait particulièrement une des parties de notre corps ; on la réchauffant par un attouchement de la main on rétablissait la circulation du sang ; d'où l'on doit conclure qu'il y a émission d'un fluide vital, ce qui a souvent lieu dans les léthargies et catalepsies, et qu'on doit se méfier des signes apparents de la mort, dont bien des individus ont été victimes. Malgré les preuves les plus convaincantes de cette vérité, on enterre journellement des personnes qui se trouvent dans le même cas, ce qui prouve combien l'emploi du magnétisme serait utile, et le danger qu'il y a à ne rien faire, en précipitant l'inhumation afin de se défaire le plus tôt possible de la vue d'un corps inanimé.

(J'en donne plusieurs exemples à la fin de cet ouvrage.)

cela ne suffit-il pas pour prouver son existence et sa vertu ?

La croyance est dans les habitudes et les usages.

L'ignorance, toujours présomptueuse, rejette avec dédain tout ce qui n'est point d'usage. Du doute à l'examen, telle est la marche de tout esprit sage.

Il en est des facultés de l'âme et de l'esprit comme de celles du corps : il faut les exercer afin qu'elles se développent : nager, parler, etc.

Dans le magnétisme les facultés de l'âme, de l'esprit et du corps agissent de concert par un acte de notre volonté.

Cicéron disait il y a deux mille ans : « Quelque phénomène qui se présente à vous, il est de toute nécessité que la cause en soit dans la nature ; quelque étrange qu'il vous paraisse il ne peut être hors de la nature ; cherchez en donc la cause, et tâchez de la trouver si vous pouvez ; et si vous ne la trouvez pas, tenez pour certain qu'elle n'en existe pas moins, parcequ'il ne peut rien se faire sans cause ; et toutes ces terreurs ou ces craintes, que la nouveauté de la chose aurait pu faire naître en vous, rejetez-les de votre esprit, en considérant que ces phénomènes viennent de la nature. »

Descartes place dans le cerveau et les nerfs un fluide subtil obéissant à l'empire de la volonté.

L'agent nerveux étant un fluide électrique, notre cerveau peut disposer d'une force physique, qui dirigée sur une personne produit dans son organisation des phénomènes qui cessent avec la cause qui les a produits.

Il faut considérer le magnétisme comme une machine électrique mettant en mouvement un fluide doué des propriétés du principe vital. Les nerfs conducteurs de ce principe le reçoivent, et le portent dans toutes les parties de l'individu soumis à la magnétisation. En d'autres termes c'est l'électricité des nerfs sur les nerfs qui rétablit la circulation du sang en expulsant et dissipant les humeurs nuisibles et renforçant le principe vital. (1)

En bien des circonstances le magnétisme remplace avec d'autant plus d'avantage la saignée et les sangsues qu'il rétablit la circulation du sang, sans diminuer le principe de la

____

(1) Lorsque la maladie est compliquée le développement du sommeil magnétique a lieu par l'organisme et sur l'ensemble des nerfs.

vie, dont la perte du sang abrège la durée, en étant le moteur.

Celui qu'on appelle sanguin n'a de sang que ce qu'il lui en faut pour sa constitution ; il est constant que quiconque subit une perte de ce fluide éprouve une détérioration ou un affaiblissement dans sa santé, ainsi que la durée de sa vie en est incontestablement abrégée, à moins que cette perte soit naturelle.

Le magnétisme est à un corps malade ce que le feu est aux objets qui ont reçu l'humidité qui les détériore ; il leur rend leur primitive propriété.

La guérison par le magnétisme s'opère par une faculté électro-magnétique du corps sur un autre corps, dépendant de l'organisation et de la volonté d'une personne en état de santé pour guérir ou procurer du soulagement.

Le magnétisme est au corps ce que les rayons du soleil sont au verre ; il en augmente la chaleur. Le soleil est l'âme de tous les mondes.

L'aimant a les vertu de s'unir au fer, et de lui communiquer sa propriété. Dans le magnétisme de l'homme l'âme s'unit à l'âme, et communique, par son influence physique et morale sur le corps, l'état de santé dans lequel se trouve le magnétiseur. Il est de toute nécessité d'admettre que l'homme, comme l'aimant, est entouré d'un fluide subtil et invisible, qu'on pourrait désigner sous le nom d'atmosphère magnétique.

Le magnétisme de l'homme, malgré qu'il soit d'une nature différente, n'en a pas moins d'analogie avec l'action de l'aimant sur le fer ; c'est un fluide visible dans le sommeil magnétique, senti par la plupart de ceux qui se font magnétiser et par le magnétiseur, de même que je sens lorsque je suis en rapport avec un malade.

Dans le sommeil magnétique le magnétiseur agit sur le malade comme l'aimant sur le fer, à travers tous les corps. De plus, l'homme communique sa vertu magnétique à l'or, au verre, à l'eau, à la laine, au coton, aux cheveux et à certains arbres, certaines feuilles fraîches, à celles de vigne.

Lorsque nos paupières sont fermées par le sommeil l'âme aperçoit les choses distantes et les lieux éloignés, dirigeant la vue par sa volonté ; ce qui a également lieu dans le sommeil magnétique.

Dans le sommeil avec rêve, songe ou somnambulisme, notre âme exerce sa puissance sur notre intelligence (1). Dans le sommeil magnétique c'est la volonté et l'action du magnétiseur qui agissent sur le corps et l'âme du malade.

Malgré l'esprit de parti qui dirige l'opinion publique, parmi les nombreux partisans du magnétisme on compte des médecins célèbres.

Les plus renommés magnétiseurs furent Simon, Apolonius de Tyanes, Apulé, Pomponace, Paracelse, Vanhelmont, Gaclénius, Valentin, Greatrich, Gasner; le nombre de malades qui allait voir ce dernier était si considérable qu'on en a vu jusqu'à dix mille campés sous des tentes.

(Archives du magnétisme.)

Il parut à Paris en 1771, un personnage connu sous le nom du *toucheur de la rue des Moineaux* et du *saint homme*; il guérissait tous ceux qu'il touchait.

Un bûcheron du terroir de Bourges guérissait et prédisait l'avenir.

A Tours Didier guérissait, lisait dans les pensées, savait ce qui se passait à distance.

On doit dans tous les cas possibles essayer l'emploi du magnétisme, persuadé que bien dirigé il ne fera pas de mal, s'il ne fait pas tout le bien que vous en attendez. On ne peut être blâmé en portant remède ou soulagement à la santé.

Quelquefois j'ai guéri ou soulagé par des insufflations en trois à quatre minutes. En général plus le mal est récent moins il faut de temps au magnétiseur.

Au nombre des avantages du magnétisme il en est un qui fait appel à l'humanité des chirurgiens, qui n'ignorent pas les souffrances que toute opération fait endurer au malade, et qu'ils peuvent empêcher s'ils ont recours au magnétisme, par le moyen duquel on obtient souvent le sommeil magnétique. (2)

---

(1) Clovis eut en songe qu'il avait reçu du ciel la faculté de guérir Damietus, l'un de ses officiers; et il le guérit.

(2) *Ablation entière d'un sein cancéreux.* — M. Chapelain magnétisait une dame, rue Saint-Denis; n'obtenant pas le résultat qu'il espérait, il consulta M. Cloquet, qui jugea l'opération indispensable. M. Chapelain endormit la malade, qui ne donna pas

Le magnétisme est le phénomène d'une personne en état de santé, qui a la foi et l'intention de guérir un malade par le fluide particulier et invisible qui entretient la vie dans le règne animal, et dont nous avons la faculté de disposer dans l'action magnétique. Ce qui suppose dans le magnétiseur des connaissances anatomiques, physiologiques et psycologiques acquises ou naturelles, afin de juger de l'effet qu'il peut produire.

Nous sommes doués plus ou moins de cette faculté; c'est une propriété physique résultant de notre organisation.

L'anatome est la description des parties du corps.

La physiologie enseigne à connaître les mouvements de l'âme, sa puissance, son action sur nos sens comme sur toutes les parties de notre corps, et fait remarquer les différents effets que l'on produit en administrant le magnétisme à un malade; ces effets diffèrent entre eux comme les tempéraments, les habitudes, le sexe. (1)

La psycologie, la description de l'âme, ce qui y a rapport; la nature de ses effets et sa puissance, qui procurent en nous l'usage et le jeu des organes, qui par l'effet de notre volonté, dirigés vers un malade, la nature se trouvant aidée opère la guérison. L'âme étant une portion de

---

le plus léger signe de sensibilité pendant l'opération, qui eut lieu le 12 avril 1826, et dura douze minutes. (*Essai de psycologie physiologique*, 274.)

(1) Dans l'homme sentir a deux objets : les émotions sensuelles viennent du dehors ; les émotions morales naissent intérieurement La première a lieu par l'action du corps sur l'âme ; la deuxième par la réaction de l'âme sur le corps (*a*). La première obéit à la volonté, la deuxième à l'âme qui reçoit les impressions que le corps a reçus.

(*a*) Le visage de l'homme, qui contracte et conserve les impressions que l'âme opère dans la physionomie ; son visage est le siége des sens : les sens sont les organes de nos sensations. Les traits du visage prennent de la physionomie par l'impression fréquente et habituelle de certaines affections de l'âme : on connaît au changement de couleur et à l'altération des traits les mouvements de haine, de colère et de honte ; il y a plus, les traits en contractent par l'habitude des impressions qui durent toujours ; tels sont ces airs de grandeur, de bonté, de méchanceté, etc. Voici des effets de l'âme dont les causes sont invisibles comme elle; nous exerçons cette faculté de l'âme par notre volonté comme dans le magnétisme.

la substance divine, ce qu'elle a d'immortel, d'invisible et de tout-puissant ; ce qui nous est démontré dans l'état de sommeil. L'âme donne non seulement le mouvement au corps; elle veille continuellement, perçoit nos facultés ou les possède : elle est à l'intelligence ce que l'œil est au corps.

L'étude de la nature n'exige ni science ni effort d'esprit; c'est un livre ouvert à tous les yeux.

Le magnétisme s'établit par la production du mouvement et de la force morale de la volonté. La volonté et le mouvement, par la force continue des forces d'attraction, rétablissent la circulation du sang ; de même que par les forces de répulsion elles dissipent les humeurs ou les dirigent au lieu d'où elles doivent s'écouler. L'influence du sang sur l'humeur explique l'action magnétique ; par le mouvement, le magnétiseur rétablissant la circuration du sang qui dissipe l'humeur, rétablit l'équilibre de notre organisation.

Le magnétisme se communique à l'âme comme une pensée dans un écrit se retrace à notre imagination; agissant physiquement sur l'âme du malade, il lui rend tout le principe vital dont il émane. (1)

La guérison par le magnétisme est moins mystérieuse que les phénomènes que la nature ne cesse de déployer à

---

(1) Le magnétisme est une faculté de l'homme moins extraordinaire que celle qu'ont plusieurs personnes de vivre dans l'eau, et que d'autres auraient s'ils ne perdaient pas la tête en suspendant leur respiration. On lit dans les *Principaux phénomènes de la nature* qu'une femme y resta trois jours, un homme sept semaines. Seyllas faisait deux lieues sans prendre de l'air; Didion poursuivait les poissons entre deux eaux. Pesce Colas y restait souvent cinq jours ; François de la Véga y resta cinq ans.

Pline rapporte l'existence d'hommes et de femmes marins. Robinet. (*Considérations philosophiques*, p. 127.)

L'abstinence des personnes nerveuses et des aliénés est très commune : le feuilleton du 9 novembre 1829 en cite un exemple étonnant, inséré dans la *Gazette de santé* : Une fille âgée de quarante-cinq ans resta neuf ans entiers sans boire ni manger.

Le corps de l'homme a la propriété de guérir par un effet de sa volonté, comme celle de communiquer les maladies par le contact et sans le contact.

La peste, la mortalité frappe séparément différentes classes d'animaux.

nos yeux : la génération animale et végétale, les couleurs dans les trois règnes, le mouvement, son cours habituel. Ce qui fit dire à un médecin italien qu'il faut nous contenter d'admirer les effets merveilleux que la Providence semble offrir aux savants pour les confondre et montrer les bornes de l'intelligence humaine.

« Concevons-nous comment une idée qui s'éveille en nous, qui se présente à notre imagination, nous fait exécuter divers mouvements ? Cela tient à la communication de l'âme avec le corps, phénomène que tous les physiologistes ont reconnu inexplicable. »

On ignore également comment est mise en jeu la faculté qu'ont la torpille, le gymnote, le silure et le tétraodon de produire des commotions électriques.

Mesmer admet dans l'homme un sens interne formé par la réunion et l'entrelacement des nerfs dont les extrémités, que nous appelons les sens, ne sont que les prolongements, Ce sens interne est en rapport avec toute la nature, par le moyen d'un fluide subtil qui agit sur lui comme la lumière sur nos yeux, mais dans toutes sortes de directions ; d'où il résulte que ce sens interne percevant plus directement les impressions de l'âme, les communique aussitôt aux organes extérieurs, c'est à l'âme que sont dus tous les effets magnétiques par le rapport qui les unit.

<h3 style="text-align:center">Ce qui constitue un magnétiseur, et la conduite qu'il doit tenir.</h3>

SANTÉ, VOLONTÉ, FOI, CALME.

La cause probable de sa vertu magnétique dépend de son organisation, sa foi, sa bonne volonté, son assurance, l'âge propice et la persévérance ; toutes ces conditions varient selon le tempérament des magnétiseurs comme de celui des malades, d'où il résulte la différence des effets magnétiques.

On ne doit magnétiser qu'après être certain qu'on est suffisamment instruit, car l'intention peut être fort bonne et le résultat alarmant.

Il faut de l'habitude, de la pratique, du calme, volonté active vers le bien, croyance ferme en sa puissance, confiance entière en l'employant.

Celui qui veut exercer le magnétisme doit s'affranchir de toute curiosité.

Toutes choses sont possibles à celui qui croit et veut, et tout est impossible à celui qui est incrédule et ne veut pas; ne jugez pas et ne décidez pas sans examen.

Le secret des magnétiseurs anciens et modernes consiste; 1° en gestes (1) ou sans gestes; 2° en imposant les mains; 3° à masser, 4° en faisant des frottements (*frictions*); 5° par des passes à distances et 6° par des insufflations. Il est à propos de terminer les séances par des passes transversales.

On peut magnétiser les malades de tout âge : on ne tombe guère dans le sommeil magnétique que de deux ans à soixante-cinq.

---

(1) J'entends par *gestes* un mouvement de l'âme visible à l'extérieur du corps, *sans gestes* un mouvement de l'âme invisible à l'extérieur du corps en fixant le malade. 2° Selon *Mesmer*, étant assis, poser les mains sur les épaules, les glisser le long des bras, prendre les pouces de manière que l'intérieur se touche, continuer cette manipulation; 3° *masser* presser avec les mains les parties du corps affectées; 4° *frottement*, frotter avec les mains à l'endroit du mal; 5° *passes*, être debout, le malade assis ou couché; les mains étant les conducteurs ordinaires de l'émission magnétique, les avoir ouvertes le dedans tourné vers le malade à la hauteur de la tête, les descendre autant que possible le long du corps; cette méthode est la plus usitée, elle écarte le soupçon et tranquillise la décence; 6° *insufflations*, chaleur de l'haleine, que l'on envoie à travers un linge ou drap sur la partie malade d'une douleur ou d'une tumeur causée par accident ou par maladie. Après avoir employé ce procédé on fait les passes.

Plus le mal est récent, plus tôt il cède. Le souffle à froid à distance, contre les maux de têtes, migraines, etc.

On peut borner la durée d'une séance de cinq minutes à une heure; un mal récent provenant d'un coup ou de l'air, comme un torticolis, de deux à cinq minutes. Une maladie ancienne ou provenant de la désorganisation, une heure la première séance, une demi-heure et même moins les suivantes; tous les jours jusqu'à guérison. Une maladie de plusieurs années exigera quelquefois six mois ou un an d'assiduité.

On magnétise naturellement, négativement et spirituellement.

Naturellement, dans le seul but de guérir, n'agissant que sur le corps en lui procurant notre état de santé physique et moral.

Négativement, en magnétisant les objets, leur communiquant de notre vertu magnétique, et nous remplaçant près d'un malade que nous avons déjà magnétisé.

Spirituellement, par l'ardeur de la foi, par la pensée, notre âme agissant sur nos organes et disposant de leur état salubre en faveur du malade.

La foi est nécessaire à celui qui magnétise, mais non à celui qui est magnétisé (1); cependant la confiance accélère la guérison.

Lorsqu'un malade obtient d'un médecin d'employer le magnétisme, comme auxiliaire, si ce malade tombe dans le sommeil magnétique, il devrait être écouté de préférence au médecin pour ce qu'il ordonne.

Bien qu'on ait guéri presque toutes les maladies par le magnétisme : ce n'est pas une raison de croire qu'on puisse toutes les guérir; car il y a des personnes, à ce qu'on prétend, sur lesquelles le magnétisme ne fait rien ; j'en ai rencontré à la vérité qui ne ressentant rien n'en guérissaient pas moins.

Tous les êtres vivants sont sensibles à l'influence du magnétisme, il peut être employé avec succès pour la guérison des animaux domestiques.

Lorsqu'un sujet bien sain est en contact immédiat avec un sujet malade, ou seulement dont une des parties est viciée, il lui fait éprouver dans la partie malade des sensations plus ou moins vives par le magnétisme.

Lorsque le malade se plaint de l'oppression que lui fait éprouver l'action magnétique, il faut la diminuer; en cas de crises nerveuses, on parvient de même à les calmer.

Quand vous avez produit le sommeil, attendez une demi-heure que le malade s'éveille de lui-même : alors vous pouvez le questionner sur son état, et sur ce qui peut contribuer à sa guérison.

______

(1) Introduction Deleuze, p. 533.

Les somnambules qui ne sont pas malades sont ordinairement de mauvais somnambules.

Le sommeil magnétique ne produit de désordres que lorsqu'on en abuse.

Il faut se faire une méthode, afin de n'être jamais embarrassé.

A un malade qui n'a pas de médecin recommandez la sobriété, d'éviter la fatigue et les excès en tous genres.

Après trois séances vous devez cesser de magnétiser si vous n'avez produit aucun effet en bien; pourtant M. Deleuze magnétisa une personne qui ne ressentit des effets qu'au bout d'un mois, et fut guérie en trois mois. Beaucoup de personnes sentent, par le passage des mains, une impression de chaleur ou de froid, même au travers des habits, ou comme si de l'eau chaude coulait des bras et des jambes; d'autres comme un vent doux et raffraîchissant procurant du calme.

Les effets produits par le magnétisme sont uniquement dus à la nature dont l'action se trouve renforcée.

Lorsque le sang se porte à la tête les passes réitérées sur les jambes sont un moyen de la dégager, comme aussi en soufflant de loin.

Les femmes éprouvent une accélération des accidents périodiques.

Les magnétiseurs qui s'effraient d'une crise légère, qui ont alors recours à des moyens étrangers, qui doutent de leur puissance, qui sont incertains dans leurs procédés, peuvent faire beaucoup de mal.

Pour bien magnétiser il faut s'attendre à tout, ne s'étonner de rien, et ne s'occuper des effets que l'on produit que pour mieux diriger l'action du magnétisme.

Quelquefois l'action de deux magnétiseurs n'a pas la même analogie.

Le magnétisme n'est pas sans inconvénient, aussi doit-on étudier avec soin la nature de son action, savoir préciser les cas où l'on peut s'en servir avec avantage, et par là éviter d'être nuisible en s'exposant aux dangers qui résultent de son application par les personnes qui ne connaissent pas toutes les propriétés de leur action.

Il est plus convenable que la volonté du malade reste sans action. Le magnétiseur agissant plus librement sur les enfants et les personnes endormies, cette disposition est plus favorable pour le développement des effets magnétiques. La raison n'influant pas sur les sens l'âme seule veille, perçoit l'action magnétique et concourt à rétablir l'équilibre.

APPLICATION.

Le mouvement est au corps et au sang ce qu'il est à la terre, qui se consumerait si elle en était privée ; de même que la vibration des rayons solaires est due à son mouvement de rotation.

Le magnétiseur doit se recueillir, se livrer à la méditation, être sans distraction, pénétré des effets magnétiques , et y apporter les dispositions réquises (1), calme, uniquement occupé de lui et du malade; être mu par la foi, la charité et l'espérance d'opérer guérison.

Lorsqu'on a fini de magnétiser une personne bien malade, il faut continuer une minute ou deux l'émission du fluide qui rentrerait détérioré.

Le malade assis convenablement, les bras ni les jambes croisés; le magnétiseur debout ou sur un siége plus élevé, le dos tourné au nord; mais il est reconnu que ce n'est pas indispensable.

Effets les plus simples qu'on observe dans l'application du magnétisme.

Le pouls change, démangeaison et clignotement des paupières ; les battements du cœur sont plus vifs ou plus lents, les joues se colorent ou pâlissent, des malaises ont lieu; on entend quelquefois des borborygmes ; on change de position, ou l'on se sent plus calme et mieux ; il semble que le

---

(1) Un seul témoin, s'il se peut; enfin prévoir et empêcher tout ce qui peut distraire. Le malade ne doit interrompre son magnétiseur que sur ce qui a rapport à son mal, ou sur les effets qu'il ressent.

sang circule plus facilement, on respire avec plus de facilité et la poitrine est soulagée: d'autres fois on sent des picottements dans les membres, comme un fourmillement dans les intestins; on ressent d'anciennes douleurs.

On ne magnétise jamais sans produire de l'amélioration dans l'organisation de celui qui s'est soumis à l'action magnétique.

Effets sur les organes annonçant plus ou moins de disposition au sommeil magnétique. (1)

La vue. Continuant de magnétiser, les paupières ont un mouvement convulsif, se ferment malgré le malade; dans cette espèce de sommeil il éprouve quelquefois une sensation de plaisir; ou bien ses membres s'engourdissent comme lorsque nous nous sentons endormir, avec cette différence que les paupières ne se ferment pas entièrement, que l'œil se meut de bas en haut. L'organe de la vue cesse ses fonctions extérieures du corps pour être exercées intérieurement par l'âme qui toujours, veille et communique sans cesse au siége de nos pensées.

Les membres fléchissent, le sommeil est profond ou léger; on l'entend respirer.

L'ouïe. Malgré le désir que témoigne le malade de répondre, il ne le peut, ou se réveille étonné. Ici les facultés de l'ouïe diminuent, d'autres fois sont paralysées par tout ce qui n'est pas le magnétiseur; la voix, les corps sonores, des coups de pistolet tirés près de l'oreille ne sont pas entendus, tandis que le magnétiseur n'a qu'à penser pour se faire comprendre. C'est alors que naissent les phénomènes qui font l'objet de notre admiration. (1)

---

(1) Electricité de l'homme déterminant l'état du sommeil magnétique plus ou moins parfait en raison de l'organisation du malade et de la maladie. Ce qui s'opère aussi par un acte mental en l'absence d'une personne qu'on a mise dans l'état de sommeil magnétique.

(2) Consulter les ouvrages suivants qui traitent plus au long de ce phénomène: *Instructions pratiques sur le magnetisme,* Deleuze 1825; Dentu, imprimeur-libraire. *Cours de magnétisme,* M. Dupotet, 1854. *Histoire critique du magnétime,* M. J. P. F. Deleuze, 1819; 2 vol. *Mémoires pour servir à l'histoire et à*

Le toucher. La peau augmente ou perd de sa sensibilité, on pourrait pincer, piquer, brûler.

L'odorat, comme l'ouïe, est mort pour tout ce qui n'est pas magnétiseur.

Le goût. Les facultés du goût dépendent spécialement de la volonté du magnétiseur; il fait trouver doux ce qui est amer, etc. (1)

---

l'établissement du magnétisms, M. Chastenet, marquis de Puy-Ségur, 1820; 1 vol. *Archives magnétiques,* 8 vol. *Psycologie* de M. Chardel, *l'Hermès.* Encyclopepie moderne, *Zoomagnétisme.*

(1) *Le sommeil magnétique comparé au somnambulisme naturel.* — En 1762 un homme Négretti, domestique du marquis Louis Salle, homme d'une constitution fort sèche, ardent, colère et ivrogne, dont le somnambulisme ne durait que de mars en avril, agissait comme en état de veille, mais avec plus d'adresse et de rapidité; répétait et disait ce qu'il avait coutume de faire pour le service de son maître; on mettait fin à ces scènes en lui jetant de l'eau au visage. Il prenait du tabac, buvait, mangeait.

Une fois qu'il avait apprêté une salade et tiré d'une armoire toutes les choses dont il avait besoin, il s'assit pour manger. On lui ôta la salade, et l'on mit à la place des choux assaisonnes de très haut goût; il continua de manger. Aux choux on substitua un gâteau, qu'il avala tout de même sans paraître faire une différence entre ces mets (ce qui prouve qu'il n'avait pas goûté sa salade par les organes du goût, mais que l'âme seule se donnait cette sensation sans le ministère du corps). En mangeant il prêtait quelquefois l'oreille; une fois il se persuada qu'on l'avait appelé, se rendit à la salle, demanda aux domestiques, vint se remettre à table avec humeur, finit son repas, fut au cabaret, frappa. On ouvre; il entre, demande un demi-setier de vin: on lui donne la même mesure d'eau, qu'il boit pour du vin. Il revient, on lui ouvre les yeux avec les doigts; il s'éveille.

Une autre fois quelqu'un le frappa à la jambe. Croyant que c'était un chien, il gronda: comme on récidiva, il alla chercher une houssine, poursuivit le prétendu chien qu'il appela pár son nom, cacha la houssine. On lui jeta un manchon qu'il prit pour le chien et sur lequel il déchargea sa fureur.

Chaque nuit il faisait quelque chose de nouveau. On observa que tant que son état durait il n'avait fait aucun usage de la *vue,* de l'*ouïe,* de l'*odorat* ni du *goût:* il n'entendait pas le plus grand bruit; il n'apercevait pas une chandelle qu'on tenait assez près pour lui brûler les paupières, en un mot rien ne faisait im-

Le somnambule est soumis à la volonté de son magnétiseur pour tout ce qui ne peut lui nuire, et pour tout ce qui ne contrarie point en lui les idées de justice, de vérité et de bienséance.

La clairvoyance du malade dans le sommeil magnétique augmente ou diminue avec ses maux.

On peut ne tomber dans cet état qu'après plusieurs séances.

Bornez vos questions à : Dormez-vous? vous trouvez-vous bien ? combien de temps faut-il vous laisser dormir? où est votre mal? que faire pour vous guérir?

Comme ce n'est que par des sensations que nous pouvons avoir des idées, c'est par des sensations ou par un nouveau sens que l'on acquiert le sommeil magnétique, qu'on en perçoit l'action ; alors on aperçoit son organisation intérieure et celle des autres, et l'on indique d'une manière précise le mal et les remèdes, revenu à l'état de veille on oublie tout : malgré cette apparence de merveilleux, il faut en rapporter les phénomènes à l'ordre naturel. Cette faculté a une cause mystérieuse, inexplicable autant qu'impénétrable. L'homme, dit Buffon, est un point où l'univers se réfléchit.

Le somnambule artificiel, dit le baron Massias, a connaissance de l'état, de l'organisation d'une personne absente par l'intermédiaire d'un vêtement qu'elle aura porté ou d'un objet qu'elle aura touché. On doit se conformer à ce qu'il prescrit pour lui comme pour les autres.

On peut doubler, tripler son action, selon que le cas l'exige, au moyen de deux ou trois bouteilles vides magnétisées qu'on fait diriger vers le malade par autant de personnes à qui on les a remises.

Réservoir magnétique dit BAQUET de Mesmer.

Le fond du baquet est composé de bouteilles arrangées entre elles; au dessus de ces bouteilles on met deux pouces

---

pression sur lui ; pour l'attouchement, il l'avait quelquefois très fin, d'autres fois aussi fort grossier.

(Dictionnaire anecdotique.)

d'eau; des baguettes de fer, dont une extrémité touche à l'eau, sortent de ce baquet, et l'autre extrémité terminée en pointe s'applique sur les malades. Une corde ou ruban en laine (lié aux bouteilles), dont les extrémités sortent et sont tenues par les malades, établit la circulation du fluide et sert à établir l'équilibre entre eux.

L'arbre magnétisé a plus de force que le baquet, mais ne peut servir que pendant la belle saison, à moins qu'on n'ait de petits arbres dans les appartements, tels qu'orangers ou pins.

Il faut toujours faire boire de l'eau magnétisée (1) à ceux que l'on a magnétisés; elle ne peut faire de mal, passe facilement, agit quelquefois sur les malades qui n'ont pas été magnétisés; sa vertu est purgative.

Magnétisées, les substances alimentaires, les remèdes acquièrent une qualité qu'ils n'avaient pas. Le lait passe bien chez les personnes qui ne pouvaient le supporter.

Après l'eau, le verre, le fer et l'or sont les corps qui conservent le plus la propriété magnétique; ils servent à calmer les crises de douleur en l'absence du magnétiseur, appliquant l'un de ces corps sur la partie affectée.

En général, dit M. Deleuze, le somnambule artificiel saisit des rapports innombrables; il les saisit avec une extrême rapidité, parcourt en une minute une série d'idées qui exigerait pour nous plusieurs heures. Le temps semble disparaître devant lui; il s'étonne de la variété et de la rapidité de ses perceptions; il est porté à les attribuer à l'inspiration d'une autre intelligence. Tantôt c'est en lui qu'il voit cet être nouveau; il se considère comme une personne différente éveillée; il parle de lui à la troisième personne, comme quelqu'un qu'il connaît, qu'il juge, à qui il donne des

---

(1) Pour magnétiser une bouteille d'eau il faut la tenir d'une main et passer l'autre dessus (geste de la main répété plusieurs fois dans le même sens de haut en bas.) pendant deux à trois minutes; l'haleine envoyée dessus deux ou trois fois achève de la charger; d'ailleurs lorsqu'elle en est saturée elle n'en prend plus.

Quand on fait faire la chaîne ou qu'on magnétise un arbre, on ne fait que mettre en circulation le fluide qui existe entre eux, comme une étincelle allume un amas de matières combustibles.

conseils, à qui il prend plus ou moins d'intérêt. Tantôt il entend une intelligence, une âme qui lui parle, qui lui révèle une partie de ce qu'il veut savoir.

Dans cet état la plupart des malades voient un fluide lumineux et brillant envelopper leur magnétiseur, et sortir avec plus de force de sa tête et de ses mains ; ils reconnaissent qu'il peut à volonté accumuler le fluide, le diriger et en imprégner diverses substances ; il a pour eux une odeur qui leur est agréable, et il communique un goût particulier à l'eau et aux aliments. Il est des malades qui sans devenir dans cet état et des magnétiseurs qui l'aperçoivent.

Il a le pouvoir de se rappeler au gré du magnétiseur ce qu'il a éprouvé durant le sommeil artificiel.

On a remarqué que ceux qui ne dormaient pas du sommeil magnétique étaient les plus tôt guéris ; c'est pourquoi il faut éviter de le faire naître.

Les somnambules artificiels diffèrent entre eux comme en état de veille : il en est qui ne savent trouver aucun remède convenable aux maladies.

Des somnambules artificiels tombent dans une léthargie voisine de la mort ; cette apparente insensibilité est pour eux une nouvelle existence aussi dangereuse qu'elle a de charmes dans les rêves qu'ils font dans cet état ; en voici un exemple cité par M. Chardel, dont la somnambule tomba sans mouvement à ses pieds par suite d'une émotion qu'il avait produit sur elle.

« Jamais privation de sentiment ne fut plus effrayante : les lèvres se décolorèrent, et la peau, que la circulation n'animait plus, prit une teinte livide et jaunâtre. M. Chardel ne se troubla point, magnétisa sur les plexus, inspira un souffle dans les narines, dans la bouche et sur les oreilles ; elle revint peu à peu. »

Ce fait est une preuve des accidents qui peuvent résulter de l'inexpérience du magnétiseur qui ne serait pas suffisamment instruit, et pourrait causer la mort par son inexpérience malgré ses bonnes intentions.

Les baguettes d'acier ou de verre en cône allongé dans la main du magnétiseur servent de conducteurs au fluide.

Une maladie vive, récente n'a pas les mêmes inconvénients; sa marche est si simple, les succès si prompts, qu'on peut entreprendre la guérison ; mais toujours avec la résolution de continuer et de persévérer jusqu'au parfait rétablissement.

Analogie entre le sommeil magnétique et le somnambulisme naturel.

Le somnambulisme naturel n'est qu'un degré de plus du songe ; il dépend de l'imagination et de certaines impressions corporelles ; le sommeil magnétique, du degré de maladie, de la volonté et des moyens du magnétiseur.

On ne tombe dans le sommeil magnétique qu'après avoir passé par le sommeil ordinaire.

Dans les songes, comme dans le somnambulisme naturel, l'âme est plus active que dans l'état de veille. On comprend facilement que c'est l'âme, qui veille et remplace le mouvement dans le songe, et les dirige dans le somnambulisme naturel, influence notre instinct, de même qu'elle dirige les organes de la vue et du toucher mieux que nous ne saurions faire en état de veille avec toute notre raison. L'âme veille tellement dans le sommeil qu'on a des exemples phénoménaux de faits qu'elle présentait à notre imagination (1); éveillé on a même des visions, ou plutôt une seconde vue de faits qui se passent à distance. (2)

---

(1) Deux amis voyageant ensemble, arrivés à Mégare, l'un se rendit à l'auberge, l'autre chez un ami. Etant couché il vit en songe son compagnon de voyage qui le suppliait de venir à son secours. Il s'éveilla en sursaut, se leva, et sortit pour courir à l'auberge; mais réfléchissant que ce n'était qu'un rêve, il fut se recoucher et se rendormit. Un nouveau songe lui représenta son ami tout sanglant, et le priant de venger sa mort : « J'ai été assassiné par le perfide aubergiste, et il conduit maintenant à la porte de la ville mon corps coupé en morceaux et caché dans un tombereau de fumier. » Celui-ci courut, et trouva le tombereau, et le meurtrier fut livré à la justice.

(2) En Ecosse quelques habitants éprouvent une impression

Le somnambule magnétique ne diffère du somnambule ordinaire que par quelques nuances de plus occasionnées par les rapports qui s'établissent entre le magnétiseur et le magnétisé : l'union fait la force.

Dans le sommeil magnétique le malade semble privé de ses organes ; c'est l'union des deux âmes qui leur rend le principe vital par la volonté et l'action du magnétiseur, d'où naissent tous les phénomènes qui échappent à l'explication.

Ad id sufficit natura quod poscit.

Le magnétisme pourrait être le partage de ceux qui, retirés des affaires et du commerce, l'exerceraient gratuitement, et par ce moyen rendraient les plus grands services à l'humanité.

La pratique du magnétisme n'aura un succès constant et inébranlable que lorsque le gouvernement, éclairé sur ses véritables intérêts, voudra se déterminer à s'en déclarer le protecteur.

LÉTHARGIE.

Un médecin contrarié par la prompte mort d'un de ses malades, auquel il s'intéressait beaucoup, se trouvait obligé de continuer un cours qu'il avait ouvert. Près d'entrer dans la salle. il s'aperçut qu'il avait oublié ses notes ; en trouvant d'autres sur l'aliénation mentale, il résolut d'en faire le sujet de son improvisation.

Après avoir parlé avec une rapidité surprenante : « J'éprouvai, dit-il, en ce moment une sorte de terreur instinctive. Il me sembla qu'un danger inconnu qu'il m'était impossible d'éviter allait fondre sur moi ; j'étais comme un homme qui, entraîné par le courant d'un fleuve rapide, voit devant lui l'écume formée par la chute d'une cataracte, et attend la mort sans rien faire pour l'éviter.

« Cependant la puissance surnaturelle qui jusqu'alors m'avait

---

qu'ils appellent seconde vue, parcequ'ils voient comme présents des événements qui se passent dans un lieu éloigné.

En voici un exemple présumé s'être passé en France. Une jeune mariée, au repas de noce, eut une vision en buvant ; elle vit qu'on assassinait son époux à tel carrefour, ce qui vérifié ne fut trouvé que trop vrai.

soutenu commençait à m'abandonner ; mes idées se troublè-
rent, des formes étranges, des figures fantastiques passèrent
devant mes yeux ; les objets dont j'avais parlé s'animèrent et
vinrent se ranger autour de moi. Je me figurai être devenu un
de ces nécromanciens qui évoquaient d'un mot les morts et les
vivants ; je m'arrêtai. Le plus profond silence régnait dans la salle,
tous les regards étaient fixés sur moi. Tout à coup une idée terrible me vint à l'esprit, un éclat de rire convulsif s'échappe de
ma poitrine, et je m'écriai : « Et moi aussi, je suis fou ! » Mon
auditoire se leva comme un seul homme ; un cri d'étonnement et
d'horreur sortit de toutes les bouches ; ce qui se passa ensuite,
je l'ignore.

« Quand je repris mes sens j'étais couché dans un lit. Je
regardai autour de moi : tous les objets que j'aperçus m'étaient fa-
miliers. Sur les rideaux à moitié fermés de la fenêtre tombait un
rayon de soleil d'une teinte rougeâtre ; je compris que la nuit
approchait. Je ne vis personne dans la chambre ; et, comme je
cherchais à me rappeler pourquoi je me trouvais là, une faiblesse me prit ; je fermai les yeux et essayai de dormir. Quelqu'un me réveilla en entrant dans la chambre : c'était mon ami
le docteur G...; il s'approcha de mon lit et me regarda fixement.
Pendant qu'il me considérait ainsi je le vis changer de visage ; sa
main tremblait quand ses doigts se posèrent sur mon pouls, et il
murmura tristement : « Mon dieu ! comme il est altéré ! » J'entendis alors une voix qui disait de la porte : « Puis-je entrer ? »
Le docteur ne répondit rien, et ma femme se glissa doucement
dans l'appartement ; son visage était pâle et défait, ses yeux rouges
et humides. Elle se pencha vers moi, et des larmes brûlantes
tombèrent une à une sur mon front ; puis elle prit ma main dans
les siennes, approcha ses lèvres de mon oreille, et me dit : « Me
reconnaissez-vous, William ? » Un long silence suivit cette ques-
tion. J'essayai de répondre, il me fut impossible de prononcer un
mot ; je voulus lui faire voir au moins par quelque signe que je la
reconnaissais, je la regardai en face ; mais je l'entendis qui disait
en sanglottant : « Hélas ! il ne me reconnaît pas ! » et je vis bien
que ma tentative était inutile. Le docteur prit alors la main de
ma femme pour la faire sortir : « Pas encore, pas encore ! » dit-
elle en résistant, et je tombai dans un état complet d'insensibilité.
Je crus en revenant à moi sortir d'un long et profond sommeil.
Je souffrais toujours, mais moins ; une excessive faiblesse avait
fait place à l'irritation de la fièvre, mes yeux étaient brûlants et
comme voilés ; je ne pus savoir d'abord si quelqu'un se trouvait
dans la chambre avec moi. Par degrés cependant les objets de-
vinrent moins vagues, et j'aperçus le docteur qui était assis près
de mon lit. Il se pencha vers moi et me dit : « Etes-vous mieux,
William ? »

« Jusqu'alors les tentatives inutiles que j'avais faites pour répondre ne m'avaient causé ni peine ni inquiétude : en ce moment mon impuissance à me faire comprendre devint un véritable supplice. Je vis bien que mes facultés s'affaiblissaient graduellement et que la mort planait sur moi. L'effort que je fis pour sortir de cette espèce de léthargie dut être puissant, car une sueur froide inonda mon corps : j'entendis un bourdonnement comme si mes oreilles se remplissaient d'eau, et mes membres éprouvèrent des spasmes convulsifs. Je saisis la main du docteur, que je serrai de toutes mes forces ; je me levai sur mon séant, et jetai autour de moi un coup d'œil hagard. Cet état dura peu, la respiration me manqua bientôt ; je lâchai la main que je tenais, mes yeux se fermèrent, et je retombai lourdement sur le lit. Le seul souvenir que j'aie conservé de l'instant qui suivit sont les paroles du pauvre G***, qui s'écria, me croyant mort : « Enfin il a cessé de souffrir ! »

« Bien des heures s'étaient écoulées quand je repris connaissance. La première sensation que j'éprouvai fut la fraîcheur de l'air qui glaçait mon visage ; il me semblait que les fenêtres de mon appartement étaient ouvertes. Je ne pus ouvrir les yeux, un poids énorme pressait mes paupières ; mes bras étaient étendus le long de mon corps ; et bien que la position dans laquelle je me trouvais fût gênante et incommode, il me fut impossible de la changer. Je voulus parler, mes efforts pour y parvenir furent inutiles.

« Quelques instants après j'entendis les pas de plusieurs personnes qui traversaient la chambre ; un corps pesant fut déposé sur le plancher, et une voix rauque prononça ces paroles : « William H***, âgé de trente-huit ans. Je le croyais plus vieux. » Ces paroles me rappelèrent toutes les circonstances de ma maladie ; je compris alors que j'avais cessé de vivre, et que l'on faisait autour de moi les préparatifs de mon enterrement. Etais-je donc mort ? L'enveloppe était froide et inanimée, mais la pensée n'était pas éteinte. Comment se pouvait-il faire que toute trace de vie eût disparu à l'extérieur, et que le sentiment habitât encore ces restes glacés destinés à la terre ? horrible pensée ! Etait-ce un rêve, mon dieu ! non, tout était bien réel. Je me rappelai les dernières paroles du docteur : il connaissait trop les signes qui marquent la mort pour se laisser prendre à une apparence trompeuse. Plus d'espoir ! plus d'espoir ! je sentis qu'on me déposait dans le cercueil Quelle parole humaine pourrait exprimer tout ce qu'eut d'affreux ce moment d'angoisses !

Combien de temps demeurai-je ainsi ? je l'ignore. Le silence lugubre qui régnait dans la chambre fut de nouveau interrompu, et je compris que quelques-uns de mes amis les plus chers étaient venus me voir une fois encore avant que le cercueil se refermât pour jamais sur moi. Tout ce qu'avait d'affreux mon étrange position, me revint à l'esprit. Dans l'espace d'une minute mon cœur éprouva l'amertume d'une éternité de souffrances ; et alors je me rappelai l'action incessante de la mort qui s'étend graduellement sur chacune des portions de notre être, laissant comme tous les fléaux d'horribles traces sur son passage. Eh quoi ! me dis-je, tout est donc mort en moi, l'âme aussi bien que le corps qu'elle animait ? Pourtant ces pensées qui me viennent dénotent la vie dans toute sa force et sa vigueur. Qu'est devenu ma *volonté* d'agir, de parler, de voir, de vivre ? Tout en moi est endormi et inactif comme si je n'avais jamais vécu. Sont-ce les nerfs qui ont cessé de transmettre les ordres du cerveau ? pourquoi ces prompts messagers de l'âme refusent-ils d'obéir maintenant ? Et je repassai en moi-même quelques exemples de la puissance miraculeuse de la volonté quand elle est seulement concentrée, et qu'elle agit sous l'influence d'une grande nécessité. Je savais l'histoire de cet Indien qui, après la mort de sa femme, avait présenté le sein à son jeune enfant, et l'avait nourri de son lait : ce miracle n'était-il pas un effet de la *volonté* ? J'avais vu moi-même un membre paralytique rendu à la vie et au mouvement par une vigoureuse tension de l'esprit qui réveille le système nerveux endormi. J'avais connu un homme dont le cœur battait vite ou lentement à son gré. Oui, pensai-je dans un transport de joie, oui, la volonté de vivre est le pouvoir vivre ; ce n'est que quand cette faculté a cédé que la mort peut s'emparer de nous ; et je conçois l'espoir de ressusciter, pour ainsi dire, par un effort de ma volonté. Mais, hélas ! je n'y songe pas aujourd'hui sans frissonner, les instants s'écoulèrent rapidement, et je comprenais aux préparatifs qui se faisaient autour de moi qu'on allait m'enfermer dans la bière. Que fallait-il que je fisse ? Si la *volonté* a en effet cette puissance qu'on lui attribue, comment devais-je la diriger ? J'avais plus d'une fois, pendant ma maladie vivement désiré me mouvoir et parler sans pouvoir y parvenir. Je voulus essayer encore : l'athlète dans ses exercices de force tend chacun de ses muscles pour soulever un lourd fardeau ; je concentrai tout ce que je pus trouver en moi de vouloir et de désirs ardents, puis j'essayai de transmettre à mes nerfs l'impulsion de cette faculté, ma dernière espérance, ce fut en vain !... En vain je fis un effort terrible pour gonfler ma poitrine et respirer. Mon dieu ! comme mes terreurs me revinrent plus vives qu'auparavant. Et j'entendais des clous qui s'enfonçaient dans les planches de mon cercueil... Désespoir !

A cet instant E***, mon plus ancien, mon meilleur ami, entra dans la chambre. Il venait de faire une longue route pour me voir une fois encore, pour dire un dernier, un éternel adieu au compagnon de son enfance. On lui fit place, il s'approcha de moi et posa sa main sur ma poitrine. Oh ! la chaleur de cette main amie parvint jusqu'à mon cœur et le fit palpiter (1). Ce battement réagit sur tout mon être, le sang circula de nouveau, mes nerfs vibrèrent, et de ma poitrine dégagée s'échappa un soupir convulsif ; mes muscles se tendirent comme les cordages d'un navire par une mer houleuse ; je respirai enfin.

Pendant que ce changement soudain, inespéré s'opérait en moi, la pensée affreuse qu'il n'avait rien de réel me vint à l'esprit ; que ce n'était qu'un jeu de mon imagination en délire. Ce doute fut heureusement de courte durée. Un cri d'horreur et ces paroles que j'entendis directement : « Il vit, il vit encore ! » mirent fin à mon anxiété. Cependant le bruit et la confusion augmentaient, et quelqu'un s'écria : « B*** est évanoui, emportez-le pour qu'il ne le revoie pas quand il reprendra ses sens. » Les ordres, les exclamations, les cris de surprise se croisaient ; le tumulte fut bientôt à son comble. Tout ce que je puis me rappeler de plus c'est qu'on me retira du cercueil, et que je revins à moi en face d'un bon feu et entouré de mes amis.

« Après quelques semaines de convalescence je me retrouvai plein de vie et de santé ; j'avais vu la mort de bien près, mes lèvres s'étaient mouillées à cette coupe amère qu'un jour il me faudra vider jusqu'à la lie. »

(Dublin, *University Magazine* et le *Temps* du 17 juillet 1836.)

CATALEPSIE.

C'est à la catalepsie qu'il faut attribuer les enterrements trop nombreux de personnes qui n'étaient point mortes. Voici les détails d'un enterrement de ce genre, raconté par un Anglais qui faillit en être la victime, et que sauva le hasard le plus heureux. Laissons-le parler lui-même.

« Je fus attaqué quelque temps d'une fièvre nerveuse ; mes forces diminuaient graduellement, mais le sentiment de la vie semblait être de plus en plus actif à mesure que mes facultés corporelles devenaient plus faibles. J'apercevais aux gestes du docteur qu'il désespérait de ma vie ; et la douleur muette, mais expressive de mes amis, me disait qu'il n'y avait plus pour moi d'espérance.

« Un soir arriva la crise ; je fus saisi d'un frisson universel, d'un bourdonnement d'oreille étourdissant ; je vis autour de ma couche

---

(1) Circonstance qui prouve bien un effet magnétique ; c'est un crime envers l'humanité de nier l'existence de cette faculté de l'homme.

un grand nombre de figures étrangères : elles étaient brillantes, vaporeuses et sans corps. La chambre était éclairée et présentait un appareil solennel ; j'essayai de bouger, mais je ne pus le faire. Pendant quelques instants une confusion terrible bouleversa mes esprits, et lorsque je revins de cet état ce fut avec tous mes souvenirs du passé, avec la plus parfaite intelligence, en un mot, avec tout ce qui appartient à la vie hors la faculté d'agir et de parler. J'entendis des gémissements près de mon oreiller, et la voix de la garde-malade prononcer : « Il est mort ! » Je ne puis décrire ce que j'éprouvai à ces lugubres mots ; je voulus tenter un dernier effort pour me mouvoir, je ne pus remuer ma paupière. Après un court intervalle, mon ami vint près de moi, agité par la douleur, le visage baigné de larmes ; il porta sa main sur ma figure, et me ferma les yeux. Tout fut alors ténèbres, mais je pouvais encore entendre, sentir et souffrir.

« Après que mes yeux eurent été fermés je compris par les discours de mes gardiens que mon ami avait quitté la chambre, et presque aussitôt je sentis les entrepreneurs des funérailles me parer de l'habillement mortuaire ; leur froide indifférence m'était plus pénible que la douleur de mes amis. Ils me tournaient de tous côtés, riaient entre eux, et traitaient avec la plus révoltante brutalité ce qu'ils appelaient *le corps*.

« Lorsque ces misérables eurent terminés ils se retirèrent, et alors commença la formalité d'un deuil simulé. Pendant trois jours un grand nombre d'amis vinrent me voir. Je les entendis s'entretenir à voix basse de mes qualités, de mes défauts ; et sentis les doigts de plusieurs d'entre eux se poser sur mon visage. Le troisième jour on parla de l'odeur infecte répandue dans l'appartement.

« Le cercueil fut construit ; on m'y plaça. Mon ami posa sur ma tête ce qu'on appelle mon dernier oreiller, et je sentis ses larmes tomber sur ma figure.

« Lorsque toutes mes connaissances eurent pendant quelque temps entouré mon cercueil, je les entendis se retirer. Les menuisiers vinrent poser et clouer la dernière planche sur ma bière. Ils étaient deux : l'un se retira avant la fin de l'ouvrage ; j'entendis son compagnon siffler en tournant la vrille, s'interrompre, se taire et enfoncer le dernier clou.

« Je fus laissé seul, tout le monde fuyait ma chambre. Je savais cependant que je n'étais pas encore enterré : quoique sans mouvement et dans les ténèbres, je conservais encore quelque espérance ; mais elle s'évanouit bientôt. Le jour de l'enterrement arriva : je sentis soulever et emporter le cercueil, je le sentis placer dans le corbillard. Une foule de peuple entourait le char ; quelques personnes parlaient affectueusement de moi ; le corbillard commença à marcher. Je savais qu'on me conduisait au cimetière.

La voiture s'arrêta, et le cercueil fut enlevé. Par l'inégalité des mouvements je m'aperçus qu'il était porté sur les épaules de plusieurs hommes. On fit une pause ; j'entendis le froissement des cordes. On bougea mon cercueil, et bientôt je le sentis balancer comme s'il n'était plus suspendu que par des liens incertains ; il fut descendu, et s'arrêta au fond de la fosse. Les cordes retombèrent ; je les entendis. Je fis un effort terrible pour remuer, mais tous mes membres demeurèrent immobiles.

« Bientôt après quelques poignées de terre furent jetées sur le cercueil; alors il se fit une autre pause. Quelques minutes s'écoulèrent, et j'entendis le son de la pelle. La terre tombait sur moi, et le bruit de sa chute, plus effrayant que le fracas du tonnerre, me remplissait d'horreur ; mais je ne pouvais bouger. Le bruit diminua graduellement, et par le retentissement sourd du son je m'aperçus que la fosse était comblée ; il me sembla même que le fossoyeur marchait sur la terre et l'égalisait avec le dos de sa pelle. Cette opération s'acheva aussi, et alors tout rentra dans un profond silence.

Je n'avais aucun moyen de connaître le temps que je passai ainsi ; le silence continuait. Voilà donc la mort, et je dois rester dans la terre jusqu'au jour de la résurrection. Mon corps va se corrompre, et les vers viendront se repaître de mes membres. Pendant que j'étais rempli de ces affreuses réflexions j'entendis sur la terre, au dessus de ma tête, un son sourd et prolongé ; je pensais que c'étaient les vers et les reptiles de la mort qui venaient réclamer leur proie.

« Le bruit s'approchait en s'augmentant : serait-il possible que mes amis pensassent qu'ils m'ont enseveli trop tôt ? et l'espérance s'empara de tout mon être?

« Le bruit cessa, et je sentis des mains parcourir mon visage. On me tira du cercueil par la tête. Je sentis l'air; il était d'un froid glacial. On m'emportait furtivement, peut-être au tribunal terrible, peut-être aux flammes éternelles !

« Arrivé à quelque distance, je fus jeté comme un vil fardeau; ce n'était point sur la terre. Un moment après je me sentis sur une voiture, et par quelques phrases entrecoupées je découvris que j'étais dans les mains de deux de ces voleurs nocturnes appelés *résurrection men*, qui viennent piller les tombeaux pour faire un trafic sacrilège des corps qu'ils ont exhumés. Aussitôt que la voiture roula sur le pavé des rues, l'un de ces deux hommes commença à siffler, puis chanta quelques couplets obcènes.

« On s'arrêta, on me prit, on m'emporta, et je sentis par la densité de l'air et le changement de l'atmosphère dont j'étais entouré que j'étais dans une chambre; on arracha rudement le linceul dont j'étais entouré, et l'on me plaça nu sur une table. D'après la conversation qui eut lieu entre ces deux hommes et un troisième qui était dans la chambre, je compris que je devais être disséqué la même nuit.

« Mes yeux étaient encore fermés ; je ne voyais rien, mais je ne tardai pas à apprendre par le bruit qui se fit dans la chambre que les étudiants d'anatomie étaient arrivés. Quelques-uns s'approchèrent de la table, et m'examinèrent minutieusement, joyeux de voir qu'un si beau *sujet* leur avait été procuré. Enfin le démonstrateur arriva.

« Avant de commencer la dissection il proposa de faire sur moi quelques expériences galvaniques, et un appareil fut arrangé à cet effet. Le premier coup ébranla tous mes nerfs; ils résonnèrent et vibrèrent comme les cordes d'une harpe. A ce phénomène les étudiants témoignèrent leur admiration. Le second coup ouvrit mes yeux, et la première personne que je vis fut le docteur qui m'avait soigné. Mais j'étais comme un mort, quoique je pusse distinguer parmi les étudiants des visages qui ne m'étaient point étrangers. Aussitôt que mes yeux furent ouverts j'entendis prononcer mon nom par plusieurs des assistants avec un ton de compassion et le désir que leurs expériences eussent été faites sur un autre sujet.

« Lorsqu'ils eurent terminé leurs expériences galvaniques le démonstrateur prit un canif, et me fit une incision à la poitrine. J'éprouvai une sensation affreuse qui se répandit à travers tout mon corps; un tremblement convulsif s'empara à l'instant de moi, et des cris d'horreur furent jetés par tout l'auditoire. Les liens de la mort étaient brisés, ma léthargie avait cessé. Les plus grands soins me furent prodigués, et dans l'espace d'une heure j'eus recouvré toutes mes facultés. »

Musée des Familles.

Un abbé étant tombé malade eut un accès de léthargie ; on le crut mort, et on se disposa à l'enterrer ; pendant qu'on le mettait dans le cercueil, ceux qui étaient chargés de ce soin voyant un chat qu'il avait beaucoup aimé tourner autour de la bière en miaulant de toutes ses forces, ils le prirent, et l'enfermèrent avec son maître sans en rien dire à qui que ce fût.

Lorsqu'on portait le corps en terre le prétendu mort revint à lui par la chaleur que lui communiqua l'animal placé directement sur son estomac.

Entendant chanter les prières des morts et se sentant lié, il se douta de sa position. Dans cette affreuse situation, il parvint à dégager ses mains, et pinça fortement le chat, qui se mit à miauler si épouvantablement qu'il fut entendu de tous ceux qui assistaient à la lugubre cérémonie.

Le convoi s'arrêta glacé d'effroi. Les plus hardis ouvrirent en tremblant le cercueil d'où le chat s'élança aussitôt; il fut suivi l'instant d'après de son maître, qui traînait le drap dont on l'avait enveloppé, et qui courut à toutes jambes à sa maison sans regarder derrière lui, comme s'il eût craint d'être replongé dans l'étui funèbre.

— Un jeune homme attaqué de la peste tomba dans une syncope si parfaite qu'on le jugea mort : son corps fut placé avec ceux qui frappés de la même maladie allaient être enterrés. Comme on transportait les cadavres, le jeune homme fit un mouvement, et on le remit à l'hôpital.

Deux jours après il éprouva une syncope pareille : cette fois on le crut bien mort ; on le déposa sans balancer avec les autres que l'on devait conduire au cimetière. Il revint encore à lui, guérit totalement, et vivait lorsque Zacchias rapportait cet événement merveilleux.

— En 1571 une femme étant réputée morte de la peste, on lui laissa au doigt une bague de prix, qui tenta la cupidité du fossoyeur : il alla pour la lui enlever pendant la nuit, et à ce moment cette femme reprit connaissance. Elle eut depuis trois enfants, et vécut encore long-temps.

La même chose est arrivée dans plusieurs pays.

— Le père Lacour, moine jacobin, dont la mère était revenue à la vie de la manière précédente, tomba tout à coup comme mort à Saint-Jean-d'Angely. On l'ensevelit, et on le porta à l'église pour l'enterrer. On allait le descendre dans la fosse, lorsque le cercueil échappa des mains de ceux qui le soutenaient, et roula à terre. La secousse fit revenir le père Lacour, qui riait de tout son cœur en racontant cette catastrophe.

— Vésal, médecin, n'eut pas plus tôt enfoncé le bistouri dans le corps d'un gentilhomme qu'il s'aperçut que le cœur était encore palpitant. Les parents poursuivirent ce médecin comme meurtrier.

— Une dame attaquée de suffocations histériques, et réputée morte, ses parents la firent ouvrir. Au second coup de bistouri elle revint à elle, jeta des cris et expira.

— 1747. Une fille tomba comme morte à l'hôpital d'Angers, y venant chercher du secours contre une maladie dangereuse ; un chirurgien, à qui elle fut livrée pour faire l'ouverture de son cadavre, après lui avoir donné un coup de bistouri, reconnut qu'elle respirait. Elle vivait encore vingt ans après.

— Un prisonnier de guerre anglais, jugé mort à l'hôpital de Rochefort, fut saigné à la jugulaire : le sang jaillit en abondance Le soldat revint à lui, se jeta comme un furieux sur le chirurgien qui tomba sans connaissance, entraînant avec lui le ci-devant défunt, qui eut une syncope violente, à laquelle il aurait succombé sans les prompts secours qu'on lui administra.

— Une jeune fille de sept ans, en Prusse, paraissant morte de la coqueluche fut enterrée. L'exhumation eut lieu six heures après; elle reprit connaissance après deux heures un quart de soins; depuis elle fut mère de cinq enfants..

— En 1824, une femme de chambre est frappée de la foudre près d'un village : exhumée au bout de huit jours, elle avait vécu dans la tombe. Ses ongles étaient déchirés, son sein gauche blessé ; le cercueil était rongé et teint de sang, et il y avait eu hémorrhagie par la bouche, le nez et les organes génitaux ; quatre doigts de la main gauche étaient enfoncés aussi avant que possible dans la bouche. La malheureuse avait sans doute fini par s'étouffer elle-même. Elle était couchée sur le côté gauche ; ses yeux étaient ouverts, sa chemise en lambeaux et teinte de son sang.

— La fille d'un tisserand, morte, disait-on, d'apoplexie, fut enterrée le quatrième jour suivant l'usage. Quatre heures après la sépulture un chasseur s'aperçut qu'il avait perdu son chien. On retrouva cet animal le lendemain matin sur la tombe de la jeune fille, qu'il n'avait pourtant pas connue, fouillant la terre et poussant des hurlements. Le bourgmestre, pour ouvrir la tombe voulut attendre deux jours l'arrivée du médecin du cercle. On trouva la malheureuse jeune fille couchée sur le ventre, baignant dans son sang et écorchée en plusieurs endroits. Le bourgmestre fut enfermé dans une forteresse.

La Clinique et *le Temps* du 29 octobre 1829.

Qui tôt ensevelit bien souvent assassine,
Et tel est cru défunt qui n'en a que la mine.
MOLIÈRE.

Un buveur enleva à la mort une de ses victimes; son ami devait le régaler; le buveur lui avait promis de lui apporter des bouteilles d'un vin excellent : il fut fort surpris lorsque allant à ce repas on lui dit que son ami venait de mourir subitement; comme il venait déjeuner, et que les vapeurs du vin qu'il avait bu assiégeaient son cerveau, il ne quitta point la partie : il dit qu'il ne pouvait pas croire que son ami fût mort sans lui avoir tenu sa parole; suivi d'un laquais qui portait les bouteilles, il entra dans la chambre du mort. Ah! lui dit-il, dès qu'il le vit étendu sur son lit, sois mort tant que tu voudras, je ne m'en irai pourtant point que tu n'aies goûté de mon vin, tu m'en diras des nouvelles. Il lui souleva la tête et lui versa quelques gouttes de vin; comme le mort ne l'était pas tout à fait, et qu'il avait des humeurs dans le gosier qui l'étouffaient, le vin les dissipa et laissa libre le passage. Il ouvrit les yeux, et annonça sa résurrection, qui arriva quelques moments après, et il guérit parfaitement par les secours qu'on lui donna. Voilà le miracle d'un ivrogne.

Un poète, ami d'un médecin habile qui tomba malade, lui
envoya ces vers.

Juste ciel, qu'ai-je vu ! quelle crainte me glace !
        Prends garde, cher Damis, c'est toi
        Que cette vision menace ;
        Je craindrais moins si c'était moi.
Hier, lorsque la nuit commençait sa carrière,
        Par ma rêverie emporté.
J'allais toujours suivant un sentier écarté,
Quand un bruit, vers l'endroit où l'on voit la rivière
Couler à flots tardifs au bas du cimetière,
Excita tout à coup ma curiosité.
J'y cours, quel spectre, ô ciel ! quelle horrible figure !
Je vois ce monstre affreux funeste à la nature,
Ses membres sont des os, et sans chair, et sans peau,
Tel est un corps séché dans le fond d'un tombeau,
Telle enfin de la mort on nous fait la peinture.
        D'abord je voulus m'échapper,
        Mais mon corps dans l'horreur soudaine,
        Dont je me sentis frapper
Sur mes pieds chancelants se soutenait à peine,
Et tout ce que je pus, rempli d'un tel effroi,
Ce fut de me cacher, retenant mon haleine,
Derrière un arbre épais que je vis près de moi.
De là je l'observai d'un œil plein de surprise ;
Je la vis près de l'eau sur ses genoux assise,
La cruelle aiguisant cette terrible faux
        Par qui toute vie est tranchée,
Agitait avec bruit la masse de ses os ;
A ce travail alors tellement attachée

Et baissant de sorte les yeux

Qu'elle ne me vit point arriver dans ces lieux,

Aussitôt qu'elle crut sa faux bien affilée,

Elle la prend, se lève et de fureur troublée

     Haussant son effroyable voix,

Qu'animait la fierté du regard et du geste :

     Voici, dit-elle, cette fois,

Voici de quoi punir cet ennemi funeste,

Dont l'art contre mes coups protégean t les humains,

Frauda partout mes droits et trompa mes desseins.

Quelle était mon erreur ! par quelle complaisance,

Ai-je pu si long-temps arrêter ma vengeance ?

     En vain de mille maux divers

Je voudrais faire ici redouter ma puissance ;

Contrainte de céder à ses secours offerts,

Je lui vois tous les jours enlever mes victimes ;

     Par lui, par son fatal savoir,

Au lieu d'entendre ici des cris de désespoir,

     Je n'entends louer que ses crimes.

Cette faux méprisée à peine a le pouvoir

     De trancher les destinées

Des vieillards accablés sous le faix des années :

Et je pourrais encor sans colère et sans cœur,

     De tant d'affronts laisser vivre l'auteur ?

Vivent, vivent plutôt au-delà des limites,

Qu'aux mortels ici-bas la nature a prescrites ;

     Tant de médecins ignorants,

     Qui par des moyens différents

Trouvant l'art de tuer sans commettre de crimes,

M'immolent tous les jours de nouvelles victimes ;

Mais toi, traître Damis, nom par moi détesté.

Nom que je n'entends point sans frémir de colère,

    Meurs, et reçois le salaire,

    Que ton audace a mérité.

Et pour parer le coup qui va t'être porté,

    Voyons comment tu pourras faire.

Là ce monstre se tut, et du fond des tombeaux,

    Soudain d'horribles cris sortirent ;

Les oiseaux de la nuit à ses cris répondirent,

Le fleuve épouvanté retint long-temps ses eaux.

    Et les ombres qui s'épaissirent,

    Dérobant sa fuite à mes yeux,

Seul avec les hibous je me vis en ces lieux.

Voilà, mon cher ami, d'où naît ma crainte extrême.

Songes-y bien, ton art doit être ton appui ;

C'est à toi maintenant à faire pour toi-même

    Ce que tu faisais pour autrui.

La fiction est ingénieuse, on ne peut pas mieux louer
un habile médecin.

FIN.

Paris, Imprimerie de Poussielgue, rue du Croissant, 12.